全国职业院校**建筑类**专业教材

QUANGUO ZHIYE YUANXIAO JIANZHULEI ZHUANYE JIAOCAI

建筑材料

习题册

陈秋强◎主编

中国劳动社会保障出版社

图书在版编目(CIP)数据

建筑材料习题册／陈秋强主编. -- 北京：中国劳动社会保障出版社，2023
全国职业院校建筑类专业教材
ISBN 978-7-5167-5871-7

Ⅰ. ①建…　Ⅱ. ①陈…　Ⅲ. ①建筑材料-职业教育-习题集　Ⅳ. ①TU5-44

中国国家版本馆 CIP 数据核字（2023）第 189853 号

中国劳动社会保障出版社出版发行

（北京市惠新东街 1 号　邮政编码：100029）

*

三河市华骏印务包装有限公司印刷装订　　新华书店经销

787 毫米 × 1092 毫米　16 开本　2.75 印张　56 千字

2023 年 10 月第 1 版　　2023 年 10 月第 1 次印刷

定价：6.00 元

营销中心电话：400－606－6496

出版社网址：http://www.class.com.cn

http://jg.class.com.cn

本习题册是全国职业院校建筑类专业教材《建筑材料》的配套习题册，根据职业院校建筑类专业学生的特点，并参照国家相关职业标准和行业岗位技能鉴定规范编写。

本习题册按照教材分章节编写，包括绪论、建筑材料的基本性质、气硬性无机胶凝材料、水泥、混凝土、建筑砂浆、砌墙块材、建筑钢材、防水材料、绝热和吸声材料、装饰材料、新型建筑材料，有填空题、判断题、选择题、名词解释、简答题、计算题等多种题型，供学生课后练习使用。

本习题册由陈秋强任主编，朱叶、成红芝、张伟峰、张献、王丽花、崔玉辉参加编写。

目录
CONTENTS

一、填空题

1. 建筑材料是指用于____________领域的各种材料的总称，简称“建材”。

2. 通常将________、_______和______称为一般建筑工程的三大材料。

3. 按化学成分不同，建筑材料可分为___________、__________和________。

4. 无机材料包括_________和_________。

5. 有机材料包括_________、_________和_________。

6. 复合材料包括各种材料复合形成的材料，如______________（轻质金属夹芯板、PVC 钢板、有机涂层铝合金板等）、______________（沥青混凝土、聚合物混凝土、玻璃纤维增强塑料等）。

7. 按功能不同，可将建筑材料分为____________、__________和__________。

8. 建筑材料的标准一般包括产品的_____、_____、___________、________、包装、储存及运输。

9. 目前，我国常用的标准共有三类：第一类是___________，第二类是_______________，第三类是_________。

10. 为了促进技术进步，提高产品质量，扩大对外贸易和提高标准化水平，我国也采用国际标准和_______________。

11. 就强制性标准而言，任何技术（或产品）不得_______标准中规定的要求，对推荐性国家标准，________执行其他标准要求，若推荐性标准被强制性标准采纳，就认为是__________，地方标准或企业标准所制定的技术要求应______国家标准。

12. 关于建筑材料的标准化，世界范围有统一使用的“_________”国际标准，各国均有自己的标准。

二、简答题

1. 为什么要制定建筑材料标准？

2. 结构材料、墙体材料和功能材料分别包括哪些材料？

第一章 建筑材料的基本性质

一、填空题

1. 建筑材料的基本性质包括____________、__________和__________。

2. 材料在自然状态下的体积是指____________________与____________之和。

3. 当材料与水接触时，从材料、水、空气三相的交界点出发，作沿水滴表面的切线，此切线与材料和水接触面的夹角称为__________。

4. 材料在水中能吸收水分的性质称为__________，用吸水率表示，吸水率包括__________和__________。

5. 在材料的内部孔隙中，有的与外界连通，称为__________，有的互相独立，不与外界相通，称为__________。

6. __________和__________从两个不同的侧面反映了材料的疏密程度。

7. 材料的吸湿性用__________表示，即材料所含水的质量与材料干燥时的质量之比。

8. 材料的抗渗性通常用__________表示。__________越大，表示材料渗透的水量越多，即抗渗性越差。

9. 材料在外力作用下产生变形，当外力去除后，变形随即消失，能完全恢复原来形状的性质称为__________，这种变形称为____________________。

10. 材料在外力作用下，当外力达到一定限度时，材料突然破坏且破坏时无明显的塑性变形的性质称为__________。

二、判断题

1. 渗透系数主要与材料的孔隙率及孔隙特征有关。（　　）
2. 材料的吸湿性与材料的成分和构造无关。（　　）
3. 憎水性材料通常具有较强的吸湿性。（　　）
4. 密实材料及具有闭口孔的材料是不吸水的。（　　）
5. 冬季室外温度低于 -10 ℃的地区，工程中使用的材料必须进行抗冻检验。（　　）
6. 软化系数越大的材料，其耐水性能越好。（　　）
7. 具有粗大孔隙的材料，其吸水率较大；具有细微且连通孔隙的材料，其吸水率

较小。 (　　)

8. 材料的体积吸水率就是材料的开口孔隙率。 (　　)

9. 材料的孔隙率越大，其抗冻性越好。 (　　)

10. 材料的抗冻性仅与材料的孔隙率有关，与吸水程度无关。 (　　)

三、选择题

1. 当材料的润湿角 θ(　　)时，称该材料为亲水性材料。

A. 大于 90°　　B. 小于等于 90°　　C. 等于 0°　　D. 等于 90°

2. 受水浸泡或处于潮湿环境中的重要建筑物，其结构材料的软化系数应(　　)。

A. 大于 0.5　　B. 大于 0.75　　C. 大于 0.85　　D. 小于 1

3. 颗粒材料的密度为 ρ，表观密度为 ρ'，堆积密度为 ρ'_0，则(　　)。

A. $\rho > \rho'_0 > \rho'$　　B. $\rho' > \rho > \rho'_0$　　C. $\rho > \rho' > \rho'_0$　　D. $\rho \geqslant \rho' > \rho'_0$

4. 含水率为 5% 的砂 200 g，其干燥后的质量是(　　) g。

A. 190　　B. 199　　C. 210　　D. 200

5. 材质相同的 A、B 两种材料，已知密度 $\rho_A < \rho_B$，则 A 材料的保温效果比 B 材料(　　)。

A. 好　　B. 差　　C. 差不多　　D. 无法判断

6. 材料的耐水性可用(　　)表示。

A. 亲水性　　B. 软化系数　　C. 抗渗性　　D. 憎水性

7. 材料的吸水率与孔隙率、孔隙的结构形式有关，(　　)的亲水性材料往往具有较强的吸水能力。

A. 具有封闭孔隙　　B. 具有粗大开口孔隙

C. 孔隙率较大且具有细小开口连通孔　　D. 具有粗大封闭孔隙

8. 材料在自然状态下的体积是指(　　)。

A. 材料的实际体积与材料外部所含全部孔隙体积之和

B. 材料的实际体积与材料内部所含全部孔隙体积之和

C. 材料的实际体积与材料内部所含全部孔隙体积之差

D. 材料的实际体积

9. 抗冻等级是以规定的试件，在规定试验条件下，测得其强度降低不超过(　　)，且质量损失不超过 5% 时所能承受的最多的循环次数来确定。

A. 15%　　B. 20%　　C. 25%　　D. 30%

10. 用作路面、(　　)、吊车梁以及抗震结构的材料，应考虑其韧性。

A. 基础　　B. 墙体　　C. 桥梁　　D. 柱子

11. 建筑工程中，用于地面、(　　)、人行道路等部位的材料均应考虑其硬度和耐磨性。

A. 楼梯踏步　　B. 吊车梁　　C. 墙体　　D. 基础

12. 材料抗冻性的好坏取决于材料的(　　)。

A. 吸水程度　　B. 孔隙特征　　C. 强度　　D. 温度

13. 建筑材料最基本的几个物理参数是(　　)和孔隙率。

A. 表观密度　B. 密度　C. 堆积密度　D. 空隙率

14. 建筑材料与水有关的性质包括(　　)，这些性质是评价材料的综合指标。

A. 吸水性和吸湿性　B. 抗渗性　C. 耐水性　D. 抗冻性

四、名词解释

1. 密度

2. 表观密度

3. 堆积密度

4. 密实度

5. 孔隙率

6. 空隙率

7. 亲水性

8. 憎水性

9. 吸水性

10. 质量吸水率

11. 吸湿性

12. 抗渗性

13. 抗冻性

14. 耐久性

五、简答题

1. 如何测定有孔隙材料的密度?

2. 如何测定不规则材料的体积?

3. 什么是材料的强度?适用于建筑材料的强度有哪些种类?

4. 何谓材料的孔隙率和密实度？二者有什么关系？

5. 应用于建筑工程中的脆性材料与韧性材料有哪些？

第二章 气硬性无机胶凝材料

一、填空题

1. 按化学成分不同，胶凝材料可分为________________和________________。

2. 石灰岩在灰窑中煅烧时温度低或煅烧时间短，会使石灰岩部分未分解而生成______________；煅烧时温度高或煅烧时间长，会生成___________________。

3. 工地上使用生石灰时，通常将生石灰加水，使之消解为膏状或粉末状的________________，这一反应过程叫生石灰的熟化，又称水化或消化。

4. 石灰浆体在空气中硬化是由__________________________________和__________________________________两个同时交替进行的过程共同完成的。

5. 石灰的特性有_______________________、______________________________、__________________________。

6. 生石膏通常指天然二水石膏，分子式为__________________。

7. 水玻璃俗称___________，能溶于水，是一种由碱金属氧化物和二氧化碳结合而成的硅酸盐材料。水玻璃分为________________和______________ 两类。

二、判断题

1. 烧制生石灰的原材料是大理石。 (　　)

2. 水玻璃和普通玻璃性质相同。 (　　)

3. 气硬性胶凝材料只能在空气中硬化，水硬性胶凝材料只能在水中硬化。 (　　)

4. 建筑石膏最突出的技术性质是凝结硬化快。 (　　)

5. 石灰的“陈伏”是为了更充分地熟化。 (　　)

6. 石灰一般不宜单独使用是因为石灰硬化时体积收缩大。 (　　)

三、选择题

1. 石灰石的主要成分是(　　)。

A. 氧化钙　　B. 氢氧化钙　　C. 碳酸钙　　D. 硫酸钙

2. 生石灰是将石灰石在 900 ~ 1 100 ℃温度下煅烧生成的以(　　)为主要成分的气硬性胶凝材料。

A. 氧化钙　　B. 氢氧化钙　　C. 碳酸钙　　D. 硫酸钙

3. 生石灰使用前要先进行(　　)。

A. 生化　　B. 硬化　　C. 陈化　　D. 熟化

4. 石灰的碳化作用是指(　　)与空气中的二氧化碳反应，重新生成碳酸钙并释放出水分的过程。

A. 氧化钙　　B. 氢氧化钙　　C. 碳酸钙　　D. 硫酸钙

5. 建筑石膏最主要的缺点是(　　)。

A. 防火性差　　B. 易碳化

C. 耐水性差　　D. 绝热和吸声性能差

四、名词解释

1. 陈伏

2. 建筑石膏

五、简答题

1. 简述建筑石膏的主要技术性质。

2. 简述水玻璃的主要技术性质。

第三章 水泥

一、填空题

1. 硅酸盐系列水泥按其用途及性能分为三类，即____________、____________和____________。

2. 水泥又叫____________，是一种多组分的人造矿物粉料，与水拌和后成为塑性胶体，既能在________中硬化，也能在_______中硬化。

3. 水泥的品种很多，按其主要水硬性物质名称可分为______________、铝酸盐水泥、____________等多种系列水泥。

4. 专用水泥是以所用工程的名称命名的水泥，如______________、道路硅酸盐水泥、______________等。

5. 在生产水泥时，为改善水泥性能、调节水泥标号而加到水泥中的人工的和天然的矿物材料，称为水泥混合材料，分为____________和____________。

6. 国家标准规定：硅酸盐水泥的初凝时间不得早于_______min，终凝时间不得迟于_______min。

二、判断题

1. 水泥中的活性混合材料就是加水后与水反应的材料。（　　）
2. 受潮后的水泥可以直接使用。（　　）
3. 高温车间和有耐热要求的混凝土结构适合用矿渣硅酸盐水泥建造。（　　）
4. 水泥代号 32.5R 中的“R”表示早强型水泥。（　　）
5. 水泥的颗粒越细越好。（　　）
6. 水泥的凝结和硬化是两个不连续的物理、化学变化过程。（　　）
7. 存放期超过 3 个月的水泥使用前必须复验。（　　）

三、选择题

1. 水泥石对于一般江、河、湖水和地下水等硬水具有足够的抵抗能力，尤其是不流动的水中，水泥石不会受到明显侵蚀，但在冷凝水、雨水等流动性淡水作用下，氢氧化钙成分会加速溶解，致使水泥石孔隙增大，强度降低，逐渐被破坏，这种腐蚀叫(　　)。

A. 酸性腐蚀　　B. 硫酸性腐蚀　　C. 淡水腐蚀　　D. 碱性腐蚀

2. 适用于一般土建工程中的钢筋混凝土结构、受反复冻融的结构，并适合配制高压混凝土的是(　　)。

A. 矿渣硅酸盐水泥　　B. 硅酸盐水泥

C. 火山灰质硅酸盐水泥　　D. 粉煤灰硅酸盐水泥

3. 主要用于建筑物内外表层装饰的水泥是(　　)。

A. 粉煤灰硅酸盐水泥　　B. 装饰水泥

C. 矿渣硅酸盐水泥　　D. 火山灰质硅酸盐水泥

4. 一般水泥储存期为(　　)个月。

A. 6　　B. 2　　C. 3　　D. 5

四、简答题

1. 水泥混合材料有什么作用？常用的水泥混合材料有哪些？

2. 水泥水化时所形成的主要水化产物是什么？

3. 简述水泥储存的注意事项。

4. 简述水泥石腐蚀的基本原因。

5. 简述水泥强度的测定过程。

6. 简述硅酸盐系列水泥的生产过程。

7. 水泥的凝结与硬化是一个怎样的过程?

8. 简述散装水泥的取样方法。

第四章 混凝土

一、填空题

1. 普通混凝土（简称混凝土）由______________、__________________________、__________和______组成。为改善混凝土的某些性能，还常加入适量的__________和____________。

2. 一般情况下，水泥强度等级为混凝土设计强度等级的______________为宜。

3. 骨料在混凝土中起支撑和__________的作用。

4. 骨料的级配是指_________________________。

5. 砂的粗细程度和颗粒级配用___________________________测定。

6. 混凝土的和易性是一项综合技术性质，包括______________、______________和____________三个方面。

7. 混凝土按所用胶凝材料不同，可分为_________________、_________________、___________________、___________________等。

8. 骨料的粗细程度是指____。

9. 砂的颗粒级配根据_______________mm 筛孔对应的累计筛余百分率分成三个级配区。

10. 粗骨料中，______________________________称为该骨料的最大粒径。

11. 国家标准规定：对于混凝土结构，粗骨料最大公称粒径不得大于构件截面最小尺寸的________，且不得大于钢筋最小净间距的________；对于混凝土实心板，粗骨料最大公称粒径不宜大于板厚的____________，且不得大于______mm。

12. 常用的混凝土外加剂有_________________、_________________、______________和_______________。

13. 混凝土拌合物太稠，___________________，易造成内部孔隙；混凝土拌合物太稀，会分层离析，__________________________________。

14. 当混凝土采用泵送施工时，混凝土拌合物的和易性称为_______________，包括_________________、________________及_______________三个方面的内容。

15. 砂率是指____。砂率过大，则孔隙率及总表面积__________，混凝土拌合物________，流动性________。

16. 混凝土的抗压强度是指______________________________________，单位面积所能承受的最大应力。抗压强度常作为评定_________________的指标，并作为确定________________的依据。

17. 混凝土与钢筋的黏结强度的主要来源是________________、________________和________________。

18. 混凝土配合比设计中的三个基本参数是________、________和________。

19. 砂、石在混凝土中起________作用，水泥浆体在混凝土拌合物硬化前起________作用，使混凝土拌合物具有良好的流动性，便于施工。

20. 国家标准规定，用________和________测定混凝土拌合物的流动性，并辅以直观经验评定________和________。

二、判断题

1. 混凝土的性能与组成材料的性质及相对含量无关。（ ）
2. 可以用高强度水泥配制低强度混凝土。（ ）
3. 在拌制混凝土时，砂含水状态不同不会影响水及砂的用量。（ ）
4. 用较细的砂拌制混凝土比用细砂节省水泥浆。（ ）
5. 拌制混凝土时，应同时考虑砂的粗细程度和颗粒级配。（ ）
6. 施工中遇到的砂偏细，可适当减少砂用量，降低砂率；对偏粗砂则适当增加砂用量，提升砂率。（ ）
7. 混凝土粗骨料的最大粒径不得超过结构截面最小尺寸。（ ）
8. 当混凝土强度等级为 C60 及以上时，应进行岩石抗压强度检验。（ ）
9. C10～C15 强度等级的混凝土用于普通混凝土结构的梁、柱、板、楼梯及屋架等。（ ）
10. 混凝土产生渗透的原因是其内部存在贯穿孔隙。（ ）
11. 混凝土耐久性主要包括抗渗性、抗冻性和抗腐蚀性。（ ）
12. 抗渗混凝土指抗渗等级大于 P8 的混凝土。（ ）
13. 高强混凝土是指强度等级大于 C60 的混凝土。（ ）
14. 混凝土的强度在 28 d 以后就不变了。（ ）
15. 在配合比相同的条件下，水泥强度等级越高，混凝土强度就越高。（ ）

三、选择题

1. 公称粒径大于（ ）mm 的岩石颗粒称为粗骨料。

A. 4.0　B. 3.5　C. 4.75　D. 4.5

2. 在混凝土的强度中，（ ）最小。

A. 抗压强度　B. 抗弯强度　C. 抗剪强度　D. 抗拉强度

3. （ ）强度等级的混凝土可用于普通混凝土结构的梁、板、柱、楼梯及屋架等。

A. C10～C15　B. C15～C25　C. C25～C30　D. C30 以上

4. 配制泵送混凝土，宜选用（ ）。

A. 细砂　B. 中砂　C. 粗砂　D. 干砂

5. 确定混凝土强度等级的依据是(　　)。

A. 抗压强度　　B. 抗弯强度　　C. 抗剪强度　　D. 抗拉强度

6. 压碎指标是表示(　　)强度的指标之一。

A. 混凝土　　B. 石子　　C. 砂子　　D. 轻骨料

7. 试拌混凝土时，当流动性偏低，可采用(　　)的办法进行调整。

A. 增加水量　　B. 增加水泥用量　　C. 增加水泥浆的量　　D. 增大水灰比

8. 混凝土夏季施工时常加的外加剂是(　　)。

A. 减水剂　　B. 缓凝剂　　C. 早强剂　　D. 引气剂

四、简答题

1. 简述混凝土的概念。

2. 什么叫混凝土的和易性？包含哪些方面？

3. 简述减水剂的减水原理。

4. 什么是混凝土立方体试件抗压强度？

5. 什么是混凝土的耐久性?

6. 什么叫混凝土的碱-骨料反应?

7. 简述提高混凝土强度的措施。

8. 影响硬化后混凝土强度的主要因素有哪些?

第五章 建筑砂浆

一、填空题

1. 砂浆是由________、________和水按适当比例拌和后形成的材料，在建筑工程中起保护主体结构和装饰的作用。

2. 砂浆是一种复合型建筑材料，按胶结料不同可分为________、________（水泥和石灰作为胶结料）、石灰砂浆和聚合物砂浆等，按功能和用途不同可分为________、________及特种砂浆等。

3. 砌筑砂浆的作用是将砖、石及砌块黏结在一起________，传递________并协调________。因此，砌筑砂浆是砌体的重要组成部分。

4. 水泥是砂浆的主要胶凝材料，________或________都可以用来配制砌筑砂浆，具体可根据________、________等选择适宜的水泥品种。

5. 为了改善砂浆的和易性和节约水泥，降低砂浆成本，在配制砂浆时，常在砂浆中掺入适量的掺合料，常用掺合料有________、________、________、________等。

6. 细骨料在砂浆中起骨架和填充作用，对砂浆的________、________和________影响很大。

7. 为节约用水，经化学分析检验合格的________也可用于拌制砂浆。

8. 砂浆的和易性从________和________两个方面做综合评定。

9. 砂浆流动性实质上反映了砂浆的稠度。流动性的大小可用砂浆稠度测定仪测定，用________沉入砂浆的深度（mm）来表示，称为稠度（沉入度）。

10. 砂浆流动性的选择与________、________、施工条件、砌体的受力特点以及________等有关。

11. 砂浆的保水性用分层度来表示，一般水泥砂浆的分层度不宜超过________mm，水泥混合砂浆的分层度不宜超过________mm。

12. 砂浆强度等级是以 70.7 mm×70.7 mm×70.7 mm 的____个立方体试块在标准条件下养护至________d 的抗压强度平均值确定。

13. 砂浆强度除受砂浆本身的组成材料（与水泥的强度和用量有关）及配比影响外，还与基层材料的________有关。

14. 砂浆黏结力是影响砌体________、________和________，乃至抗震能力的基本因素之一。

15. 砂浆用于建筑物受冻融影响较多的部位，若设计有冻融循环要求时，必须进行________________。

16. 装饰砂浆的组成材料包括________________、________和____________。

二、判断题

1. 砂浆掺合料和外加剂可以任意添加。 (　　)
2. 砂浆的使用不受环境条件和结构位置的限制。 (　　)
3. 消石灰粉不得直接使用于砂浆中。 (　　)
4. 砌筑毛石砌体的砂浆，砂的最大粒径不得大于 5 mm。 (　　)
5. 砂浆的保水性就是砂浆保持水分的能力。 (　　)

三、选择题

1. 优质细骨料宜选择(　　)。

A. 河砂　　B. 山砂　　C. 砂性土　　D. 海砂

2. 砂浆中常用的外加剂不包括(　　)。

A. 早强剂　　B. 防水剂　　C. 增塑剂　　D. 防冻剂

3. 砌筑毛石砌体的砂浆，砂子的最大粒径应小于砂浆层的(　　)。

A. 1/5 ~ 1/4　　B. 1/3 ~ 1/2　　C. 1/4 ~ 1/3　　D. 1/6 ~ 1/5

四、名词解释

1. 砌筑砂浆

2. 保水性

3. 装饰砂浆

4. 防水砂浆

五、简答题

1. 如何提高砂浆的保水性？

2. 简述砂浆变形过大的危害。

3. 如何确定砂浆的配合比？

4. 与砌筑砂浆相比，抹面砂浆的特点和技术要求有哪些？

六、计算题

1. 用32.5普通水泥（堆积密度为1 300 kg/m^3）、砂（含水率为2%，堆积密度为1 500 kg/m^3）和石灰膏（堆积密度为1 500 kg/m^3）配制M10混合砂浆，试计算每立方米混合砂浆各种材料的用量及配合比。

2. 某小学教学楼基础砌筑用水泥砂浆的设计强度等级为 M7.5。原材料条件如下：水泥牌号为 P. C32.5，砂细度模数为 2.2，三区细砂，砂堆积密度为 1 400 kg/m^3。计算每立方水泥砂浆中水泥的用量。

第六章 砌墙块材

一、填空题

1. 砌墙砖按制作工艺不同，可分为______和______。

2. 烧结普通砖的规格为______mm × ______mm × ______mm。

3. 烧结普通砖的强度等级分为______、______、______、______、______五级。

4. 烧结多孔砖是大面有______的砖，孔的尺寸小而数量多，孔洞率不小于______。

5. 砌块按形状不同，可分为______砌块和______砌块。

6. 砌筑石材也是常用的砌筑材料之一，主要分为______和______两类。

二、判断题

1. 砖的泛霜是指可溶性盐类在砖表面的盐析现象。 (　　)

2. 空心砖的孔洞率应大于等于25%，也可称为承重空心砖。 (　　)

3. 烧结空心砖多采用矩形条孔，以横方向砌筑，用于非承重墙。 (　　)

4. 烧结普通砖是以黏土、页岩、粉煤灰、煤矸石为主要原料，经过制备、成型、干燥和焙烧而成的孔洞率小于15%的砖。 (　　)

5. 小型砌块是指高度大于115 mm而又小于380 mm的砌块。 (　　)

6. 砌块的强度代号是MU。 (　　)

7. 普通黏土砖同非烧结砖的尺寸规格完全相同，可以混合砌筑。 (　　)

8. 配置各种砂浆时，不同品种的水泥不得随便使用。 (　　)

9. 凡涂抹在建（构）筑物或构（配）件基底材料的表面，兼有保护基层和满足使用要求作用的砂浆，可统称为抹面砂浆（也称抹灰砂浆）。 (　　)

10. 石灰膏如果已脱水硬化，则严禁使用。 (　　)

三、选择题

1. 烧结普通砖的规格为(　　)。

A. 240 mm × 120 mm × 60 mm　　B. 240 mm × 115 mm × 53 mm

C. 240 mm × 120 mm × 90 mm　　D. 240 mm × 120 mm × 120 mm

2. 烧结多孔砖为大面有孔洞的砖，孔的尺寸小而数量多，其孔洞率不小于(　　)。烧结多孔砖用于承重部位，使用时孔洞垂直于承压面。

A. 10%　　B. 15%　　C. 20%　　D. 25%

3. 蒸压灰砂砖按抗压强度和抗折强度分为 MU25、MU20、MU15、MU10 四级，(　　)的砖仅可用于防潮层以上的建筑。

A. MU25　　B. MU20　　C. MU15　　D. MU10

4. 水泥砖的强度等级不包括(　　)。

A. MU10　　B. MU15　　C. MU20　　D. MU25

5. 粉煤灰砌块是以粉煤灰、石灰、石膏和骨料为原料，经加水搅拌、振动成型、蒸汽养护而制成的一种密实砌块。粉煤灰砌块的主规格为 880 mm × 380 mm × 240 mm 和(　　)。

A. 880 mm × 400 mm × 240 mm　　B. 880 mm × 430 mm × 200 mm

C. 880 mm × 430 mm × 240 mm　　D. 800 mm × 430 mm × 240 mm

6. (　　)适用于（±0.000）以上的内外填充墙和地面以下的内填充墙（有特殊要求的墙体除外）。

A. 粉煤灰砌块　　B. 蒸压加气混凝土砌块

C. 空心砌块　　D. 蒸压灰砂砖

7. 泡沫混凝土的干表观密度以(　　) kg 为一个等级。

A. 25　　B. 50　　C. 100　　D. 200

8. 生石灰熟化成石灰膏时，应用孔径不大于(　　)的网过滤。

A. 2 mm × 2 mm　　B. 3 mm × 3 mm　　C. 4 mm × 4 mm　　D. 5 mm × 5 mm

9. 烧结普通砖的强度等级可分为(　　)、MU25、MU30 等。

A. MU5　　B. MU10　　C. MU15　　D. MU20

10. 根据(　　)，可将烧结普通砖分为优等品、一等品和合格品。

A. 尺寸偏差　　B. 外观质量　　C. 泛霜　　D. 石灰爆裂程度

四、简答题

1. 简述蒸压加气混凝土砌块的适用范围。

2. 简述砖抗折强度试验的步骤。

第七章 建筑钢材

一、填空题

1. 理论上凡含碳量在__________以下，含有害杂质较少的铁碳合金可称为钢。

2. ______________是现代炼钢的主要方法，常用来炼制优质碳素钢和合金钢。

3. 反映建筑钢材拉伸性能的指标包括___________、__________和__________。

4. ____________和___________表示钢材断裂前经受塑性变形的能力。

5. 冲击性能是钢材抵抗____________而不破坏的能力。

6. 钢材的冷弯性能以试验时的____________和_____________来表示。

7. 钢材冷弯时___________越大，弯心直径与试件厚度（或直径）的比值越小，表明对冷弯性能的要求越高。

8. 钢材中除了主要化学成分__________以外，还含有少量的_____、硅、锰、磷、硫、氧等元素。

9. 当含碳量超过1.0%时，随着含碳量的增加，钢材的强度________。

10. 建筑钢材可分为____________和_______________________。

11. 建筑工程中应用最广泛的碳素结构钢是___________。

12. 钢结构所用钢材主要是__________和________。

二、判断题

1. 钢和铁的主要区别在于含碳量，含碳量小于2%的称为钢，大于2%的称为铁。（　　）

2. 镇静钢脱氧完全，钢质均匀，质量好，但成本高。（　　）

3. 沸腾钢脱氧不完全，质量一般，有害杂质硫、磷含量偏多。（　　）

4. 常用低合金钢的屈强比为0.65~0.75。（　　）

5. 碳素结构钢的屈服点用字母“Q”表示，屈服点数值用阿拉伯数字表示，共有5级（195、215、235、255和275），质量等级分为A、B、C、D共4个等级。（　　）

6. 碳素结构钢按脱氧程度不同，分为镇静钢（用字母Z表示）、特殊镇静钢（用字母TZ表示）和沸腾钢（用字母F表示）。（　　）

7. 低合金高强度结构钢的屈服点用字母“Q”表示，屈服点数值用阿拉伯数字表示，共有5级（295、345、390、420和460），质量等级分为A、B、C、D、E共5个等级。（　　）

8. HRB400 表示热轧带肋钢筋，其屈服强度值为 400 MPa。 (　　)

三、选择题

1. 碳是决定钢性能的重要元素，在一定范围内提高碳的含量，能提高钢的强度，但塑性和韧性下降。钢的含碳量不大于 0.25% 时，称为(　　)。

A. 中碳钢　　B. 高碳钢　　C. 低碳钢　　D. 合金钢

2. 建筑上常用的钢材是(　　)。

A. 优质碳素结构钢和低合金结构钢　　B. 普通碳素结构钢和低合金结构钢

C. 优质碳素结构钢和中合金结构钢　　D. 普通碳素结构钢和中合金结构钢

3. 低碳钢拉伸过程中，强化阶段的特点是(　　)。

A. 随荷载的增加，应力和应变成比例增加

B. 荷载不增加情况下仍能继续伸长

C. 荷载增加，应变才相应增加，但应力与应变不是直线关系

D. 应变速率增加，应力下降，直至断裂

4. 下列关于钢材屈强比的叙述中，正确的是(　　)。

A. 屈强比偏低，结构安全性好，钢材利用率较高

B. 屈强比偏低，结构安全性好，钢材利用率不高

C. 屈强比偏低，结构越安全差，钢材利用率较高

D. 屈强比偏低，结构越安全差，钢材利用率不高

5. 钢结构设计中，低碳钢的设计强度取值应为(　　)。

A. 弹性极限强度　　B. 屈服强度　　C. 抗拉强度　　D. 断裂强度

6. 已知某钢材试件拉断后标距部分长度为 300 mm，原标距长度为 200 mm，则该试件伸长率为(　　)。

A. 150%　　B. 50%　　C. 66. 7%　　D. 33. 3%

7. 同一钢材分别以 5 倍于直径和 10 倍于直径的长度作为原始标距，所测得的伸长率 δ_5 和 δ_{10} 的关系为(　　)。

A. $\delta_5 > \delta_{10}$　　B. $\delta_5 < \delta_{10}$　　C. $\delta_5 \geqslant \delta_{10}$　　D. $\delta_5 \leqslant \delta_{10}$

8. 下列关于冲击韧性的叙述，正确的是(　　)。

A. 冲击韧性指标是通过对试件进行弯曲试验来确定的

B. 使用环境的温度影响钢材的冲击韧性

C. 钢材的脆性临界温度越高，说明钢材的低温冲击韧性越好

D. 承受荷载较大的结构用钢必须进行冲击韧性检验

9. 评价钢筋塑性性能的指标为(　　)。

A. 伸长率和冷弯性能　　B. 屈服强度和伸长率

C. 屈服强度与极限抗拉强度　　D. 屈服强度和冷弯性能

10. 炼钢时需要足够的氧气，但钢材中含有残存的氧气，会使钢质变差，因此炼钢的后期应进行脱氧，按脱氧程度不同，钢材可分为(　　)。

A. 镇静钢　　B. 特殊镇静钢　　C. 沸腾钢　　D. 高（低）碳钢

四、简答题

1. 钢材的冲击韧性与哪些参数有关？

2. 钢材的热处理对性能有什么影响？

第八章 防水材料

一、填空题

1. 沥青按产源不同可分为______和______。

2. 改性沥青包括______、______、______和______。

3. 工程比较常用的建筑防水卷材按产品原料和成型工艺可分为______、______和______三大类。

4. 防水涂料种类有______、______和______。

5. 石油沥青的技术性质有______、______、______、______、______。

二、判断题

1. 石油沥青的组分有油分、树脂质和沥青质，其中，沥青质使石油沥青具有良好的黏性、塑性和流动性。（ ）

2. 石油沥青的黏性用针入度表示，针入度值的单位是 mm。（ ）

3. 针入度值大，说明沥青流动性大、黏性差。（ ）

4. 石油沥青中常含有一定量的固体石蜡。（ ）

5. 温度敏感性是指石油沥青随温度升降，其黏滞性和塑性随之变化的性能。温度敏感性较小的石油沥青，其黏滞性、塑性随温度的变化较大。（ ）

三、选择题

1. （ ）是指石油沥青在热、阳光、氧气和潮湿等因素的长期综合作用下抵抗老化的性能，它反映沥青的耐久性。

A. 黏滞性　B. 塑性　C. 温度稳定性　D. 大气稳定性

2. 半固体或固体石油沥青的黏性用（ ）表示。

A. 针入度　B. 延伸度　C. 软化点　D. 溶解度

3. 石油沥青中的石蜡会（ ）。

A. 增强沥青的流动性　B. 增强沥青的黏结性

C. 增强沥青的塑性　D. 降低沥青的温度稳定性

4. 石油沥青的主要技术指标中，（ ）用延伸度（或称延度）表示。

A. 黏滞性　　B. 塑性　　C. 温度稳定性　　D. 大气稳定性

5. 石油沥青的温度敏感性用(　　)表示。

A. 针入度　　B. 闪点　　C. 延伸度　　D. 软化点

6. 下列选项中，不属于树脂改性沥青优点的是(　　)。

A. 耐寒性提高　　B. 耐热性提高

C. 与沥青有较好的相溶性　　D. 黏结能力强

7. 地沥青包括(　　)。

A. 天然沥青　　B. 石油沥青　　C. 煤沥青　　D. 页岩沥青

8. 防水涂料是一种含高分子合成材料的复合材料，由(　　)等作为主要成膜物质，再掺入适量的颜料、助剂、溶剂等加工制成。

A. 合成高分子聚合物　　B. 沥青

C. 水泥或无机复合材料　　D. 砂浆

9. APP 改性石油沥青与石油沥青相比，其(　　)，具有优异的耐热性和抗老化性。

A. 软化点高　　B. 延伸度大　　C. 冷脆点降低　　D. 黏度增大

10. 下列关于防水涂料的说法，正确的是(　　)。

A. 防水涂料在常温下为黏稠状液体，经涂布固化后，能形成无接缝的防水涂膜

B. 防水涂料适宜在立面、阴阳角、穿结构层管道、凸起物、狭窄场所等细部构造处进行防水施工，固化后，能在这些复杂部位表面形成完整的防水膜

C. 防水涂料施工属于冷作业，操作简便，劳动强度低

D. 防水涂料固化后形成的涂膜防水层自重轻，轻型薄壳等异型屋面大多采用防水涂料进行施工

四、名词解释

1. 建筑防水材料

2. 石油沥青

3. 黏滞性

4. 温度敏感性

5. 大气稳定性

6. 煤沥青

7. 沥青防水卷材

8. 防水涂料

五、简答题

1. 为什么 SBS 改性沥青能够得到广泛应用?

2. 煤沥青有什么特点?

第九章 绝热和吸声材料

一、填空题

1. 导热性是指材料传递________的能力，用___________表示。
2. 材料的导热系数越___________，其保温性能越好。
3. 材料的____________和_________是设计建筑物维护结构热工计算的重要参数。
4. ___________是评定材料吸声性能好坏的主要指标。
5. 材料的吸声特性除与声波的_______有关以外，还与声波的_________有关。

二、判断题

1. 表观密度小的材料孔隙率大，其导热系数也较大。 ( )
2. 材料的导热系数随温度的升高而增大。 ( )
3. 非金属的导热系数值比金属大。 ( )
4. 材料吸湿受潮后，其导热系数会增大。 ( )
5. 隔声材料主要用于外墙、门窗、隔断等。 ( )

三、选择题

1. 按化学成分不同，绝热材料可分为( )。

A. 有机类绝热材料　　B. 无机类绝热材料

C. 复合材料类绝热材料　　D. 保温防裂材料

2. 通常取 125 Hz、250 Hz、500 Hz、1 000 Hz、2 000 Hz、4 000 Hz 六个频率的吸声系数来表示材料的吸声频率特性。凡六个频率的平均吸声系数大于( )的材料，均为吸声材料。

A. 0. 8　　B. 0. 6　　C. 0. 4　　D. 0. 2

3. 下列选项中，材料导热系数由大到小排列正确的是( )。

A. 钢材、加气混凝土、水泥砂浆　　B. 加气混凝土、玻璃、钢材

C. 钢材、水泥砂浆、加气混凝土　　D. 水泥砂浆、钢材、红砖

四、名词解释

1. 保温材料

2. 隔热材料

3. 吸声材料

五、简答题

1. 绝热用模塑聚苯乙烯泡沫塑料板（XPS）的常规检验项目有哪些？

2. 材料的导热系数和比热与建筑物的使用功能有什么关系？

装饰材料

一、填空题

1. 木质人造板的主要品种有________、________、________、________、木丝板、________等。

2. 普通建筑玻璃分为________和________，前者是指未经加工的________玻璃类平板。普通玻璃是现代建筑必不可少的材料之一，它除了透光、透视、隔声、隔热、装饰等作用外，还有________、________、节约能源、降低建筑物自重、________等作用。

3. 装饰平板玻璃包括毛玻璃、________、________、________和________等。安全玻璃是指具有良好的安全性能的玻璃，包括________、________和夹层玻璃。钢化玻璃以其强度高和________的优点，普遍应用于建筑物的门窗，幕墙、大型玻璃隔断、采光天棚、家具、车辆的门窗，以及有防盗要求的场所。

4. 保温绝热玻璃包括________、________、中空玻璃等，它们既具有良好的装饰效果，又具有特殊的保温绝热功能，除用于一般门窗之外，常作为________。

5. 釉面内墙砖________、________、风格典雅，主要用于建筑物内墙饰面。釉面内墙砖有强度高、表面光亮、________、易清洗、________、变形小、抗急冷急热等优点。

6. 建筑涂料的种类繁多，按涂料使用部位不同，可分为________、________、________、顶棚涂料、屋面涂料，按照主要成膜物质的性质不同，可分为________（如丙烯酸酯外墙涂料）、________（如硅溶胶外墙涂料）、________（如硅溶胶—苯丙外墙涂料）。

7. 外墙复层涂料以________、________和________等黏结料和骨料为主要原料。

8. 外墙复层涂料一般包括三层，分别是封底涂料、________和________。溶剂型外墙建筑涂料的涂层硬度、________、________、耐污蚀性都很好，使用年限多在十年以上，是一种较为实用的涂料。

9. 合成树脂乳液内墙涂料（乳胶漆）以________为黏结料，加入________、________及各种助剂，经研磨而成。

10. 木材有很好的力学性质，但木材是________，顺纹方向与横纹方向的力学性能有很大差别。

二、判断题

1. 钢化玻璃就是具有钢材般硬度的玻璃。 ( )
2. 木材的表观密度几乎不随含水率的变化而变化。 ( )
3. 安全玻璃的安全性能体现在碎后无尖利的棱角。 ( )

三、选择题

1. 冰花玻璃( )，具有各种色彩，用于门、窗、屏风等。

A. 透光不透视　　B. 透视不透光
C. 既透光又透视　　D. 既不透光又不透视

2. 生态木可大量运用于室内地板和墙面，特别是( )。

A. 客厅　　B. 卧室　　C. 厨房卫生间　　D. 阳台

四、名词解释

1. 木质人造板

2. 墙地砖

3. 玻璃空心砖

4. 陶瓷锦砖

5. 夹层玻璃

6. 乳胶漆

7. 水溶性内墙涂料

8. 合成树脂乳液外墙涂料

五、简答题

1. 简述普通平板玻璃的特性及用途。

2. 简述夹丝玻璃的优点。

3. 简述中空玻璃的优点。

4. 简述天然大理石的特点及适用范围。

5. 简述多彩内墙涂料的特点。

6. 简述断桥铝门窗的优点。

7. 简述涂料的发展方向。

8. 简述胶合板的特点和适用范围。

第十一章 新型建筑材料

一、填空题

1. 新型建筑材料主要包括______________、______________、保温隔热材料、____________和____________。

2. 高强混凝土与普通混凝土在材料配比上主要有两点区别，即____________和____________。

3. 硅藻泥是一种以____________为主要黏结材料，以____________为主要功能性填料，联合配制的干粉状内墙装饰涂覆材料。

二、判断题

1. 配制高强度混凝土必须使用高强度水泥。（　　）

2. 硅藻泥是用无机材料制成的，使用周期一般不超过 20 年。（　　）

三、选择题

1. 高强混凝土的（　　）以及后期强度增长比例等均比普通混凝土差。

A. 抗渗性　　B. 抗冻性　　C. 耐火性　　D. 耐蚀性

2. 预制混凝土夹心保温墙板中间夹层的厚度不宜大于（　　）mm。

A. 100　　B. 120　　C. 140　　D. 160

四、名词解释

1. 高强混凝土

2. 新型墙体材料

五、简答题

1. 简述新型建筑材料的发展趋势。

2. 简述硅藻泥的缺点。